Abel Hernández-Muñoz
Yan Marco Méndez-Duarte

Flora y vegetación del cerro Hornos de Cal, Sancti Spíritus, Cuba

Abel Hernández-Muñoz
Yan Marco Méndez-Duarte

Flora y vegetación del cerro Hornos de Cal, Sancti Spíritus, Cuba

Estudio de la flora y vegetación del monte testigo Hornos de Cal, Sancti Spíritus, Cuba

Editorial Académica Española

Imprint

Cover image: www.ingimage.com

Publisher:
Editorial Académica Española
is a trademark of
Dodo Books Indian Ocean Ltd. and OmniScriptum S.R.L publishing group

120 High Road, East Finchley, London, N2 9ED, United Kingdom
Str. Armeneasca 28/1, office 1, Chisinau MD-2012, Republic of Moldova, Europe
Managing Directors: Ieva Konstantinova, Victoria Ursu
info@omniscriptum.com

Printed at: see last page
ISBN: 978-620-8-82667-3

FLORA Y VEGETACIÓN DE HORNOS DE CAL, SANCTI SPÍRITUS, CUBA.

FLORA AND VEGETATION OF HORNOS DE CAL, SANCTI SPÍRITUS, CUBA.

Autores: MSc. Abel Hernández Muñoz
Ing. Yan Marco Méndez Duarte

Sancti Spíritus

ÍNDICE

1. INTRODUCCIÓN

Las formaciones vegetales mesófitas se encuentran bajo régimen de época de sequía y lluvia. La vegetación adopta otros mecanismos de defensa, contra la pérdida de agua por transpiración, que funcionan solo en la sequía, el más corriente es la pérdida de la hoja. Entre las formaciones mesófitas se encuentran las de mogotes, los bosques semicaducifolios y los bosques de ciénaga (González, 1987).

Los bosques semicaducifolios o semidecíduos, son la formación más extendida en Cuba en las zonas llanas y colinosas; ocupaba los mejores suelos y poseía valiosas maderas, razón por la cual fue prácticamente arrasada y quedan muy pocos lugares con este tipo de bosque; el endemismo es bajo.

Los bosques semideciduos constituyen la vegetación natural de Cuba hasta una altura aproximada de 600 m sobre el nivel del mar. Alcanzan una altura entre 20 y 30 m y están constituidos por dos capas arbóreas y una capa arbustiva; la capa herbácea falta normalmente (Bisse, 1988).

Bosque con presencia de elementos caducifolios del 40-65%, generalmente en el estrato arbóreo superior; presenta arbustos y herbáceas escasas; poco desarrollo de las epífitas y abundancia de lianas (Capote y Berazaín, 1984).

Es característico que los árboles que forman la capa arbórea más alta, es decir, la primera, pierdan sus hojas durante la época de seca, mientras los de la segunda las conservan casi todo el año.

El crecimiento de los principales árboles es, por lo general, rápido, debido a las abundantes precipitaciones del verano.

El bosque semideciduo mesófilo se establece sobre suelo pobre con afloramiento de caliza. Presenta un estrato arbóreo de amplia cobertura de 6 a 8 m, con emergentes mayormente deciduos de hasta 12 m. E l estrato arbustivo es comúnmente denso con altura de 1 a 4 m,, mientras que el herbáceo es generalmente ralo formado principalmente por especies de los estratos superiores. Posee un sinusio de lianas que se hace profuso en las partes menos conservadas del bosque, así como numerosas epífitas entre las que se destacan diversas especies de la familia Bromeliaceae (Chiappy *et al.*, 1983).

La importancia de la presente investigación radica en: constituir el primer estudio sobre la composición y estructura del bosque semideciduo presente en el elemento natural destacado Hornos de Cal y continuar profundizando en el estudio que se lleva a cabo del área, con el fin de crear la fundamentación científica necesaria, para esta área protegida.

Para el estudio se partió de la siguiente hipótesis:

El bosque semideciduo presente en el elemento natural destacado Hornos de Cal, es estable, biodiverso e interesante con especies endémicas de valor para la conservación de la biodiversidad en general y de la flora en particular.

El objetivo general de la investigación fue:

Determinar la composición y estructura del bosque presente en el área de manejo Hornos de Cal.

Objetivos específicos:

1. Determinar la composición taxonómica de la comunidad vegetal
2. Descubrir las especies endémicas que la integran.
3. Describir esta formación vegetal.

2. REVISIÓN BIBLIOGRÁFICA

FLORA ESPIRITUANA

Sancti Spíritus, situada en la región central de Cuba, constituye la sexta provincia en biodiversidad del país. Las razones a que se atribuyen estas características están dadas por constituir esta porción del territorio nacional una zona transicional entre oriente y occidente, con un 13% de zonas montañosas, formaciones geológicas muy diversas y un mosaico de suelos donde crece una variada y exuberante vegetación. También varían las condiciones del clima, fundamentalmente las precipitaciones desde medias que los 1500mm en la montaña hasta menos de 800mm en la costa sur. Por estas razones se localizan en la provincia zonas de importancia biogeográfica como: Parque Nacional Caguanes, que posee representatividad suprarregional de importancia biológica. Ponciano, que ostenta representatividad e importancia ecológica. Casilda, con importancia regional y botánica y Casilda Punta Ancón, con significación regional, turística, faunística y ecológica. Por otra parte Pico Potrerillo, una elevación de 932m sobre el nivel del mar y ubicado en las montañas de Trinidad, constituye un centro de especiación florística.

Figura 8. Orquídea florecida, uno de los grupos florísticos más ricos.

Se han podido clasificar áreas de alto endemismo como son las montañas de Trinidad, por su altitud, las riberas del río Guanayara, las porciones de costas altas de suelo esquelético y la localidad de Casilda, con suelo constituido por arenas cuarcíticas. Estudios realizados en diferentes localidades han evidenciado la presencia de 2 151 especies (un 30.2% del total reportado para toda Cuba), pertenecientes a 923 géneros y 184 familias botánicas de Spermathophytas y Pteridophytas. Se ha comprobado además un alto endemismo en 198 especies de 65 familias, siendo las más representadas en orden numérico decreciente: Orquidaceae (95), Rubiaceae (45), Asteraceae y Euphorbiaceae, con cerca de 45 especies respectivamente y Fabaceae, con más de 30 (fig. 8). Las familias botánicas con mayor representatividad en espewcies son: Poaceae, con 165 especies, Orchidaceae, con 117 y Asteraceae, con 101.

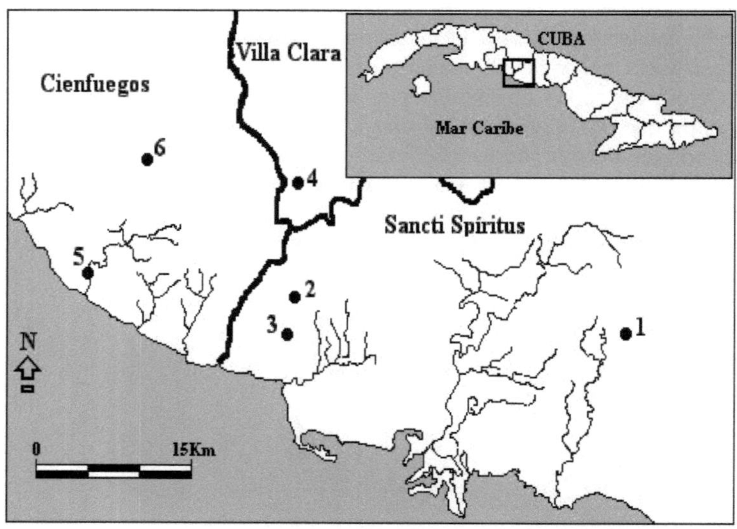

Mapa 3. Localización de un endémico regional de la flora.

En la familia Fabaceae la Estación Experimental de Pastos y Forrajes del territorio ha realizado un trabajo de prospección en debido a la importancia económica que revisten como plantas forrajeras, obteniéndose como resultado el rescate de 340 especies, las que se encuentran en diferentes fases de estudio. La presencia de más de 97 especies de plantas vasculares amenazadas y de ellas 73 endémicas, ha permitido la detección ¨in situ¨ del 50% de estas con vistas a trabajar en el manejo de sus poblaciones para garantizar su conservación (mapa.3).

VEGETACIÓN

La vegetación natural constituye un valioso elemento indicador del medio geográfico. Su importancia radica en que tiene multiples usos, como son:

maderas, fuentes de pulpa, resina y otros; además, está intimamente relacionado con las particularidades del clima, relieve y los suelos (tabla 3).

Debido a la gran deforestación a que ha sido sometido nuestro territorio, las áreas de bosques naturales han quedado reducidas a las zonas de poca accesibilidad, muy rocosas y con franjas marginales cenagosas.

La vegetación natural de la provincia se puede enmarcar en tres categorías fisiográficas, interrelacionadas con los factores antes mencionados (relieve-clima-suelo).

Fisonomía de la vegetación

Este aspecto se refiere a la forma, color, composición, posición que tienen las hojas, las ramas, las flores, el tallo, de las plantas, características muy importantes para la clasificación. Los bosques de tierras bajas tienen árboles con hojas compuestas la gran mayoría, pero también hay de hojas simples, aunque estas sean más frecuentes en el montano y montano bajo. De acuerdo con Jansen (1991): "los márgenes enteros de las hojas, las puntas de escorrentía y las hojas delgadas, son más frecuentes en los bosques muy húmedos de bajura." Esto les va a permitir una mayor protección respecto a la humedad y la descomposición por hongos y bacterias.

Forma de la copa:

Los árboles emergentes tienen copas anchas, mientras que los del subdosel, son estrechas y profundas.

Corteza:

En un bosque húmedo o muy húmedo encontramos cortezas delgadas, lisas y claras, pero no es esa la norma general, pues hay cortezas oscuras o rojizas en todos los bosques. La corteza presenta una textura muy variada, desde exfoliaciones como en el indio pelado, enormes cáscaras como en el quebracho, lenticelas como en el guanacaste, fisurado como el jobo y espinosos como en el habillo y el lagartillo.

Estratificación:

En este aspecto se considera la forma en que se estructura un bosque desde la superficie del suelo hasta la planta más alta. Es un sistema de capas o estratos que varían en cuanto a la composición o zonas donde se ubique el bosque.Richards, 1952, en Jansen, 1991, establecen que en los bosques húmedos tropicales se observan 3 estratos y que en los bosques de clima templado solo 2. Se considera a las hierbas y arbustos como uno solo. Sin embargo, opina Jansen, este concepto no se ajusta a la realidad, pueden haber hasta 4 estratos y la razón es que los bosques tienen diferente complejidad en su composición y eso determina la estratificación.

FORMACIONES VEGETALES

Vegetación de ciénagas costeras

La vegetación de las costas está integrada por especies halófitas de la flora, adaptadas a suelos pantanosos, donde el relieve es perfectamente llano y la pendiente es nula, su altura con respecto al mar es menor de 0.5 m. Las precipitaciones son inferiores a 1100 mm como promedio anual.

Las especies más frecuentes son el mangle rojo *(Rhizophora mangle)*, mangle prieto *(Avicennia germinans)*, yana *(Conocarpus erecta*), patabán *(Laguncularia racemosa)*, uva caleta *(Coccolova uvifera)* y otras especies.

Vegetación de llanuras costeras y valles intramontanos

La vegetación original de estas zonas prácticamente ha desaparecido, pues la tala irracional de los bosques y el desarrollo extensivo de la agricultura en el siglo XX, han sido los factores causantes de la deforestación, caracterizada por su rápido crecimiento y pérdida de sus hojas en la época de seca; el relieve varía desde perfectamente llano a fuertemente ondulado; su altura sobre el nivel del mar oscila entre 1m y 160 m. Las lluvias caidas durante el año fluctúan entre 1100 mm y 1400 mm.

Vegetación de zonas premontañosas y montañas

Esta vegetación se desarrolla en condiciones de pluviosidad alta, superior a 1400 mm anuales de lluvia caida y con una altitud superior a los 160 m sobre el nivel del mar, que en puntos aislados alcanza hasta los 900 m de altitud.

Las especies forestales más sobresalientes allí son: dagame *(Calycophyllum candidissimum)*, jobo *(Spondias Bombin)*, cuajaní *(Prunus occidentalis)*, granadillo *(Brya ebenus)*, baria *(Cordia gerascanthus)*, caoba *(Swietenia mahagonii)*, yaba *(Andira inermis)* y mantequero *(Magnolia cubensis)*.

FORMACIONES FORESTALES. CONSTITUCIÓN E IMPORTANCIA

La vegetación forestal del territorio está integrada por una 600 especies, entre árboles grandes y pequeños, distribuidos en 16 formaciones típicas con sus correspondientes transiciones de acuerdo con la clasificación de Johannes Bisse (1988), y siguiendo el orden de su dispersión horizontal y vertical (Tabla 1).

Tabla 3. Distribución vertical de las formaciones forestales de Cuba.

FORMACIÓN FORESTAL TIPO	ALTURA m.s.n.m.
Manglar (Mg)	**0-2**
Semicaducifolio sobre suelo de mal drenaje (Scf/md)	**2-8**
Manigua costera (Mc)	**5-10**
Semicaducifolio sobre suelos calizos (Scf/c)	**5-600**
Xerófilo tipico (Xt)	**10-150**
Semicaducifolio sobre suelos acidos (Scf/a)	**10-600**
Cuabal (C)	**25-500**
Carrascal (Ch)	**500-800**
Xerófilo de mogotes (Xmg)	**50-700**
Pluvisilva de montaña (Psm)	**300- 900**
Monte nublado (N)	**900-931**

Todas tienen importancia para el desarrollo socioeconómico del territorio: maderas para diversos usos; materias primas para la industria, para lo cual, en mayores o menores cantidades, se han utilizado una 100 especies, aunque la tradición practica hace énfasis sobre 25 de ellas, aproximadamente; para retencion de agua y control de la erosion en cuencas hidrograficas; para alimentación y refugio de la fauna salvaje asi como para la conservación y de los ecosistemas y los paisajes.

De acuerdo con lo anterior, la definición de formación forestal: masa de individuos vegetales en que, en la mayoría de los casos, predominan los de carácter leñoso o maderable, distinguiéndose entre ellas, además, por la composición florística, desarrollo que alcanzan, suelos que ocupan, ubicación altitudinal, lluvias, temperaturas y vientos que reciben, etcétera, tiene hoy, a la luz de los últimos conocimientos, un alcance mayor que el pasado.

Sin embargo, para la economía forestal propiamente dicha, por las especies que la constituyen, dimensiones, calidad y productos que ofrecen, así como por la superficie que aún ocupan en la provincia, son importantes las formaciones siguientes: Manglar; semicaducifolio sobre suelos de mal drenaje; semicaducifolio sobre suelos calizos; Xerófilo típico; Pluvisilva; Pluvisilva de montaña y Monte nublado. Se ofrece a continuación una descripción apretada de estas formaciones.

Pero las formaciones forestales de nuestro interés, a los efectos del presente Trabajo de Diploma son los bosques semideciduos en sus diferentes variantes.

Semicaducifolio sobre suelo de mal drenaje (Scf/md)

En los llanos espirituanos, por lo regular a continuación del manglar, abundan zonas con tan poco relieve que el drenaje superficial queda totalmente insuficiente. Un factor agravante son los suelos arcillosos gleysados que se desarrollan a menudo bajo tales condiciones y, además, el desarrollo de capas de mocarrero y perdigón por procesos microbiológicos anaerobios en el suelo. La acumulación de ácidos húmicos le confiere reacción acida a estos suelos. Es que el hábitat que sustenta la vegetación ya mencionada. Como ejemplo, señalamos a continuación tres de las 10 principales especies que la integran:
Júcaro negro *(Bucida buceras)*
Ocuje *(Calophyllum antillanum)*
Roble de yugo *(Tabebuia angustata)*

Las palmas cana, corojo, yereyes y jatas y palma barrigona *(Colpothrinax wrightii*), le dan a este tipo de bosque, en distintos lugares, una apariencia particular. En los lugares de mayor inundación, por la alta humedad del aire, abundan epifitas como el curujey *(Tillandsia usneoides).*

Su carácter forestal es productor-protector. Produce maderas preciosas y leña. Protege del avance de la infiltración salina terrestre y aérea; y refuerza la barrera verde que se opone a los huracanes. El cultivo del arroz y el desarrollo de la ganadería, compiten con su integridad.

Semicaducifolio sobre suelos calizos (Scf/c)

Este tipo de formación se encuentra distribuida a través de todo el sócalo calizo de la provincia, donde existen suelos esqueléticos. Su diversidad en cuanto a desarrollo corre pareja con la extensa gama de suelos derivados de rocas calcáreas que lo sustentan y el escalonamiento altitudinal que alcanza. En efecto, lo encontramos cubriendo los suelos escabrosos de Caguanes, Jobo Rosado, Las Damas y la Sierra de Banao y otros desde no más de cinco m.s.n.m., hasta los suelos muy transformados que ocurren en llanos, colinas y montañas a una altitud limite de 600 m.s.n.m. (fig.7).

Figura 7. Vista panorámica del bosque semicaducifolio sobre roca caliza sobre la loma de Los Jejenes, lomas de Judas, Yaguajay.

Fue por así decirlo, la vegetación mesófita de más amplia distribución en Cuba, y lógicamente de la provincia, la que más tierras ha cedido, primero a la explotación indiscriminada de intereses privados, y ahora, al desarrollo agropecuario en beneficio de toda la sociedad. Florísticamente, está integrada por más de 200 especies maderables, latifolias, y no son pocos los rodales donde están representadas 50 o más de ellas. Se trata de montes que alcanzan una altura entre 20 y 30 m, cuando no han sido descuajados y degradados. Están constituidos por dos estratos arbóreos y uno arbustivo; el herbáceo falta normalmente. Una representación, dentro de la extensa gama de especies, son las siguientes:

Almacigo *(Bursera simaruba)*
Baria *(Cordia gerascanthus)*
Caoba antillana *(Swietenia mahagoni)*
Cedro *(Cedrela odorata)*
Dagame *(Calycophyllum candidissimun)*
Jocuma *(Mastichodendron foetidissimum)*
Sabicu *(Lysiloma latisiliqua)*
Yaba *(Andira inermis)*
Yaiti *(Gimnanthes lucida)*
Yaya *(Oxandra lanceolata)*

Después que la vegetación original es destruida, se desarrolla un monte secundario compuesto de especies de crecimiento rapido, entre las cuales sobresalen:
Almacigo *(Bursera simaruba)*
Yagruma *(Cecropia peltata)*
Cabo de hacha *(Trichilia hirta)*
Esta formación secundaria con frecuencia se hace impenetrable, por la existencia de numerosas lianas. Asimismo, una composición especial presentan los montes semicaducifolios de las riberas de arroyos y rios también denominados bosques de galería, donde se aprecian como plantas características:
Guama *(Lonchocarpus dominguensis)*
Roble de yugo *(Tabebuia angustata)*
Majagua común *(Hibiscus elatus)*
No obstante la degradación en que se encuentran los montes semideciduos del territorio, su relativa abundancia frente a otros tipos de bosques, la diversidad de especies, calidades y dimensiones que ofrece, en virtud de los diferentes sitios que ocupa, su ubicación en cuanto a permitir la factibilidad del transporte de los productos, más la necesidad de un desarrollo agropecuario industrial y social acelerado, han requerido continuar explotándolos, aunque en una forma más racional que la ocurrida antes de 1959.
Por otra parte, como veremos más adelante, muchos de estos bosques son susceptibles de ser restaurados mediante un detallado estudio de inventario y ordenación. De esta forma serán entonces capaces de suministrar en forma sostenible, no sólo productos leñosos y maderables para uso directo, sino maderas duras y preciosas para la industria, todo ello sin descuidar, además su papel hidrológico y contra erosivo que ya tienen, conjuntamente con el de servir de abrigo y alimentación a una gran variedad de especies de nuestra fauna salvaje asociada con la vegetación forestal.

2. Investigaciones sobre flora y vegetación en la Provincia de Sancti Spíritus

En la provincia Sancti Spíritus, durante los últimos 20 años, se han obtenido resultados relevantes en el estudio e investigaciones realizadas sobre el tema, con una primera etapa de inventario general, que aportaron aspectos importantes al conocimiento científico de sus plantas. Entre los resultados más significativos están los inventarios florísticos de las áreas protegidas, y de buena parte de otras localidades del territorio.
Entre los estudios publicados con referencias a la flora y la vegetación de Sancti Spíritus se pueden citar: Chiappy *et al.* (1985), Valdés-Lafont y Capote (1989), Hernández-Muñoz y Acosta (1990), Moya *et al.* (1991), García-Lahera y Bécquer (2001), García- Lahera *et al.* (2007) y Hernández *et al.* (2023),

3. Métodos de estudio de la vegetación

El estudio de los conjuntos de vegetales puede emprenderse a partir de criterios distintos. Según el propósito que se persiga, el criterio elegido será de orden florístico, ecológico y fisionómico:

Florístico. La caracterización de la vegetación depende de las especies presentes, las más abundantes, sus relaciones con otras regiones, etcétera (González, 1987).

Ecológico. Se basa en la presencia de plantas o grupos de plantas indicadoras, sensibles a determinados factores ecológicos.

Fisionómico. Basado en la morfología del conjunto de plantas que se encuentran en la formación vegetal, tipos biológicos, estratos, etc. Este es el método más general y no requiere de un conocimiento profundo de la flora y de la región objeto de estudio. Algunos aspectos fáciles de evaluar en una formación vegetal, teniendo en cuenta criterios fisionómicos, son los estratos de vegetación, los tipos biológicos, el grado de xerofitismo y el tipo de hoja.

MATERIALES Y MÉTODOS

Descripción del área de investigación

El trabajo se realizó en un bosque semideciduo ubicado en el área de manejo del elemento natural destacado Hornos de Cal, Municipio de Sancti Spíritus, Cuba.

Caracterización del área

Caracterización de la naturaleza del sitio:

- **Localización y accesos del área protegida**

ELEMENTO NATURAL DESTACADO HORNOS DE CAL

La elevación conocida por Hornos de Cal se localiza en la finca Vista Hermosa a 2.5 Km. al NE de la ciudad de Sancti Spíritus, pudiéndose localizar en la hoja 4381-I del mapa de Cuba a escala 1: 50 000 del ICGC con las coordenadas 21° 57'14" de latitud N y 79° 25' 03" de longitud W en su punto central, abarcando un área de unos 100 000 m². El cerro cársico Hornos de Cal, que se extiende de NW a SE, es una colina tectónica, accesible por el antiguo camino a Tuinucú.

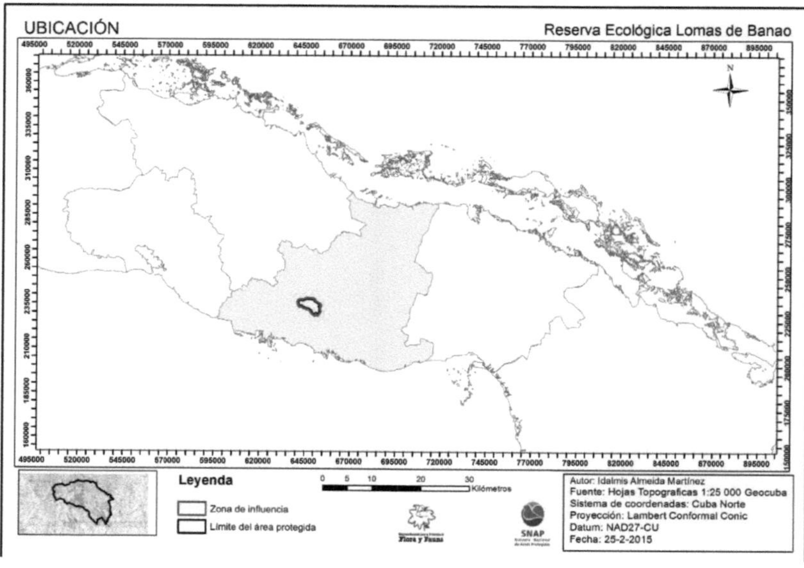

EL cerro cársico Hornos de Cal, es una escama tectónica o monte testigo, que se caracteriza por el gran número de espeluncas que la horadan, alcanzando la cifra de 25. Esta localidad objeto de estudio se sitúa a dos kilómetros al Noreste de la ciudad de Sancti Spíritus, accesible por el antiguo camino a Tuinucú y cuenta con una extensión de unas 10 hectáreas.

El estudio geológico del área formó parte de los levantamientos geológicos mediante los proyectos Las Villas-I y Escambray-I, a escalas 1:250 000 y 1:50 000 respectivamente, en los cuales participaron especialistas y geólogos de Bulgaria, Checoslovaquia y Cuba. Los estudios más recientes (1990), estuvieron dirigidos hacia la búsqueda de cobre, por la Empresa de Geología de Santa Clara.

La geología del lugar es interesante, pues se enmarca dentro de dos grupos litológicos genéticamente bien diferenciados. Estos son: rocas magmáticas y rocas sedimentarias de origen indudablemente marino.

Dentro del grupo de rocas magmáticas se han determinado dos tipologías fundamentales: los granitoides, correspondientes al conocido Complejo Manicaragua, y las vulcanitas de la llamada Formación Cabaiguán. Ambas datan del Cretácico Superior.

El grupo de las rocas sedimentarias que afloran en el área, está representado por secuencias de dos unidades litoestratigráficas: la Formación Isabel, con una edad Cretácico Superior Tardío (Maestrichtiano , que data de 71 millones de años) y; la Formación Bijabo, representada por un Flish areno-margoso de edad Paleogénica (Eoceno, 42 millones de años).

La Formación Isabel es la más extendida por el área y está representada por dos subtipos de sedimentos: los terrígenos (en la parte basal) y los carbonatados (en la parte superior) ambos de origen marino. Estos sedimentos son los que componen básicamente al cerro Hornos de Cal.

Las rocas carbonatadas constituyen por lo general calizas, representadas por una alteración bastante irregular de calizas brechozas organógenas, margosas y margas friables de estratos gruesos. Las calizas son de color blanco grisáceo y están constituidas por un elevado contenido de macrofósiles (moluscos pelecípodos, gasterópodos y equinodermos), Separados por una transición brusca sobre yacen concordantemente a calizas biógenas, parcialmente recristalizadas de alta dureza. En ellas se destacan restos de rudistas del género *Barretia,* gran cantidad de caparazones de foraminíferos grandes, conchas de moluscos y algas calcáreas. Su color varía entre blanco y crema. Esta caliza posee una potente distribución en el corte hasta 60 metros y goza de una alta fragilidad, por lo que el agrietamiento es intenso, originando grietas en varias direcciones (fisuras de distención, principalmente verticales e inclinadas), que dan lugar a un relieve esculpido por los fenómenos cársicos (lapiez, pequeñas dolinas y cuevas). Las cavidades subterráneas poseen galerías laberínticas que agujerean el macizo, además se destacan formas cársicas enigmáticas como son las chimeneas de coalescencia.

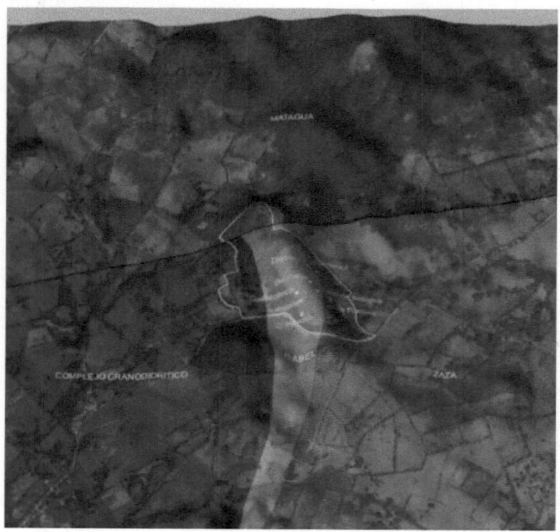

Las espeluncas son, espeleométricamente hablando, cuevas y grutas. Están inactivas y desde el punto de vista termodinámico son muy activas. Las formaciones secundarias son muy escasas, raramente se observan algunas estalactitas y estalagmitas de poco atractivo, el resto constituyen formaciones principalmente parietales como las paletas. Algunas cuevas como (El Polvorín y cueva Clara) poseen campanas de disolución y, otras como Isabelana, muestran chimeneas de coalescencia. Sus sedimentos están constituidos por arcillas rojas cementadas o arcillas pardo rojizas de gran plasticidad, muy húmedas.
La vegetación es la típica de bosque semideciduo micrófilo sobre suelo esquelético, con humedecimiento estacional y gran profusión de elementos deciduos y espinescencia. Tiene cinco estratos de vegetación: arbóreo emergente, arbóreo, arbustivo, matorral y herbáceo. En la base y los alrededores quedan restos de bosque semideciduo muy degradado y manigua secundaria.
Su flora se caracteriza por la presencia de árboles de gran porte como: jagüeyes, cedros, ceibas, algarrobos, guásimas, yagrumas y ayúas, entre otros, arbustos y matorrales espinosos, magueyes y gran cantidad de curujeyes, lianas y otras epífitas.

Hornos de Cal es un sistema de cuevas con 1933 metros de desarrollo lineal, que incluye 17 cavidades subterráneas como elementos fundamentales de un aparato cársico activo, muestra todo su desarrollo evolutivo, desde la actividad freática actual en lo más profundo de una de sus cuevas hasta el estado senil de las mismas.

De acuerdo con las condiciones particulares en que se desarrolló este aparato cársico surgieron distintas formas de relieve que lo caracterizan, Así los elementos superficiales están representados fundamentalmente por un extenso campo de diente de perro de gran vigor y filosas aristas acompañados de desplomes de rocas producto ambas de la corrosión, siguiéndoles en importancia las dolinas, depresiones y Casimbas.

El campo de lapiés ocupó la mayor parte de la superficie, presentándose en formas diversas, tanto en su distribución espacial como en su morfología. La parte central y más alta conserva un desarrollo muy vigoroso con más de 1 m. de profundidad y ausencia casi total de sedimentos de cobertura, observándose una discreta destrucción de las crestas que en algunos casos está influida por el intemperismo físico aunque en la mayoría de los casos se debe a las explosiones en las canteras.

Hacia la porción SE, refiriéndonos a la parte que no fue afectada por las canteras, va aumentando la cobertura y disminuyendo la densidad del lapiés y su vigor, aun más en esa dirección y hacia el E el sedimento original alterna con desechos de la actividad minera. Como un monolito a unos 80 m del camino aparece el último vestigio rocoso donde el lapiés ya es muy poco desarrollado. Esta diferencia en la potencia de la cobertura influyó en el desarrollo cársico epigeo, teniéndose como resultado, que en la medida que la cubierta sedimentaria es menor o nula, encontramos un mayor progreso en el desarrollo de las formas cársicas superficiales influidos por el intemperismo físico y químico.

Como formas subterráneas también de corrosión se presentan las cuevas, nichos, campanas de disolución etc. con su desarrollo parcialmente detenido, sus formas casi totalmente muertas con rasgos ocasionales de descalcificación, lo que puede deberse a un cambio de las características de la atmósfera hipogea y/o de las características físico-químicas del aguas, producto de variaciones climáticas, la disminución de la potencia de la caliza y la cobertura vegetal sobre las cavidades o cambios en los conductos de circulación de las aguas de escurrimiento.

Generalizado en estas cavidades es el poco desarrollo de las formaciones secundarias que se resume en algunas estalactitas climáticas y estalagmitas de caudal, formadas en condiciones de aporte hídrico relativamente abundante y presión parcial de CO_2 baja, en otras condiciones se originó con mayor frecuencia el sinter calcáreo de génesis mixta donde, tanto el caudal como la presión de CO_2 es alto.

El proceso cársico-vadoso forma una singular simbiosis que determina una compleja evolución de formas cilíndricas a modo de chimeneas que oradan verticalmente la roca hasta llegar a la superficie del macizo, sobreimponiéndose en su origen la influencia de los factores endogenéticos aunque pudiera existir un predominio de la influencia del agua como solvente. Se ha observado que con bastante frecuencia estos cilindros aparecen adosados a la pared de las cuevas en forma de corte semicircular perfecto hasta el techo, desde donde continúan taladrando la roca, la parte superior de los que no han alcanzado el exterior culminan en forma semiesférica, lo que da la impresión de un origen independiente al de la cueva, incluso más antiguo, considerando además que no son inherente a todas las cavidades, solo a tres dispersas en el área.

Otras características morfológicas presente es la ocurrencia de pisos falsos de trabertina debido a la subsidencia de sedimentos subyacentes y líneas de sedimentación litogénicas que marcan antiguos niveles de las aguas subterráneas.

En todas las cuevas aparecen sedimentos recientes principalmente acarreados por las aguas de lluvia, además, de los esqueletos de moluscos terrestres (*Zachryzia auricoma*, *Liggus Sp. Emoda sagraiana*), aves y mamíferos que habitaron el territorio desde el Pleistoceno Superior hasta el presente, los que en ocasiones forman conglomerados calcáreos que han llegado a sellar conductos subterráneos.

Las cuevas de Hornos de Cal se originaron bajo el influjo de las aguas freáticas, en su mayoría presentan un avanzado estado de dolinización como las del Paso de las Damas, Guayarues, Judas y Caguanes.

En todos los casos el agrietamiento preexistente fue la base inicial para que la acción disolutiva de las aguas freáticas autóctonas combinadas con ácidos orgánicos formara los primeros conductos, que se fueron desarrollando hasta su unión por coalescencia para crear un grupo numeroso de pequeñas cuevas que se abren preferentemente en dos direcciones en correspondencia con la orientación del sistema de grietas estudiado.

Al analizar dicho sistema de diaclasas podemos apreciar un gran nivel de fisuramiento en la roca, al parecer muy quebradiza por su alto grado de recristalización, que arroja un saldo de 39 grietas en superficie y 91 detectadas en el medio subterráneo donde fue mas fácil su observación ya que nos acompañan a lo largo de todo el recorrido por sus galerías, llegándose a la conclusión de que se corresponden en ambos casos con los ejes de orientación general del aparato cársico hipogeo. Las grietas de compresión son las más comunes aunque no dejan de ser importantes las de distensión ya que en ciertos casos, después de colmatadas por sedimentos concrecionados por el carbonato de calcio y más endurecida aun la costra superficial, el material subyacente se ha redisuelto para formar pequeñas cuevas como "Cueva de la Jicotea" o guardar en su interior restos de la rica fauna extinta del Pleistoceno.

Otro factor genético importante fue la disolución de los planos de contacto de los estratos lo que impartió una morfología inclinada a cuevas como el Bien Vestido, Isabelana y otras siempre que estas se desarrollen con rumbo NE, en el sentido del buzamiento de los estratos que tienen una dirección general de 60° y 40° de inclinación.

Es fácil deducir que la carsificación más completa se produce cuando las grietas coinciden con la dirección del estrato, ya que así estas dos vías preferenciales para la circulación de las aguas se alinean con el rumbo del drenaje subterráneo permitiendo una mayor y más compleja aceleración del proceso d solutivo, en el que bien pudo intervenir la mezcla de aguas que torna al solvente muy agresivo, en este caso se formaron las cuevas: "Clara", "El Polvorín", "La G'. y "La Ceiba", contentivas de los más grandes salones aunque de poco puntal.

Las cuevas con dirección SE se desarrollaron a lo largo de las grietas, al no estar en la dirección principal del drenaje su evolución fue más lenta creándose galerías estrechas y altas, de piso horizontal donde se acumula una gran cantidad de sedimentos procedente del exterior, como la "Cueva del Jagüey".

Generalmente estas cavidades se desarrollaron en dos niveles bien definidos con los ejemplos más representativos en "Isabelana", el "Bien Vestido", "Coalescencia" y "Cueva Clara", en esta ultima se alcanza un tercer nivel en la

“Galería del Agua” cuya profundidad, la máxima lograda en el sistema alcanza la superficie del manto freático con oscilaciones estacionales de hasta 30 cm. en dependencia de las precipitaciones anuales, demostrándose que la zona estuvo sometida a fluctuaciones pretéritas del nivel freático posiblemente miocénicas lo que contribuyó al modelado inicial de las mismas.

Por la naturaleza de los sedimentos depositados en estas cuevas, a los que ya hemos hecho referencia anteriormente, consideramos que fueron abiertas al exterior durante el Pleistoceno producto de procesos glyptogénicos de carácter gradacional implícitos en la génesis del sistema que dieron origen a domos y otras formas huecas, lo que trajo aparejado el debilitamiento del manto rocoso por decalcificación (Isabelana) o por la acción combinada de la erosión, y la fuerza de gravedad (Cueva Clara) los que le hicieron ganar en puntal hasta debilitar lo suficientemente sus techos, provocando desplomes con lo que se formó una buena parte de sus dolinas. Así, en el desarrollo de sus entradas ha tenido primordial importancia el control estructural que también se manifiesta en el desarrollo de otros fenómenos cársicos.

Desde el punto de vista morfológico las cuevas de “Hornos de Cal” se pueden considerar como predominantemente horizontales, en partes inclinadas hasta vertical en dependencia de su ubicación espacial dentro de la complejidad estructural entre el buzamiento de los estratos, la dirección del agrietamiento y la circulación del agua, con características genéticas mixtas; directas e inversas, compuestas homogéneas, inactivas de caudal autóctono, así los salones que se dirigen al NE, desarrollados a lo largo de los estratos, son generalmente inclinados, espaciosos y de menor altura que las galerías dirigidas al SE gobernadas por el agrietamiento transversal, de planta horizontal, estrechas y alto puntal.

El sistema de cuevas se desarrolla en dos direcciones fundamentales, teniéndose en cuenta para su estudio las 17 cavidades más importantes incluyendo las parcialmente destruidas por la actividad antrópica, cuyos remanentes aportan casi el 50 % de los 1933 metros lineales de galerías existentes, describiéndose a continuación las características de las cinco espeluncas más representativas.

c) Clima

La temperatura media anual varía 24 y 27 grados Celsius. En cambio las precipitaciones se comportan de la siguiente forma: la lluvia media anual es de 1 538 milímetros, y cae el 82 % en el período húmedo, de mayo a octubre. La humedad relativa media anual es del 80 %.

La dirección predominante de los vientos es del norte-nordeste al nordeste con velocidades entre 9 y 11 kilómetros por hora. Mientras que en los meses de marzo a junio hay incidencias del viento Sur, con velocidad promedio de 15 kilómetros por hora.

En territorio espirituano, la trayectoria de los ciclones es fundamentalmente de Suroeste o Nordeste y el período más frecuente es a partir de la segunda semana de octubre hasta la primera de noviembre, aunque históricamente pocos ciclones la han afectado directamente.

Las condiciones atmosféricas, determinan tres zonas climáticas bien definidas: región meridional, la interior y de alturas superiores a los 600 metros sobre el nivel del mar (Fig.1).

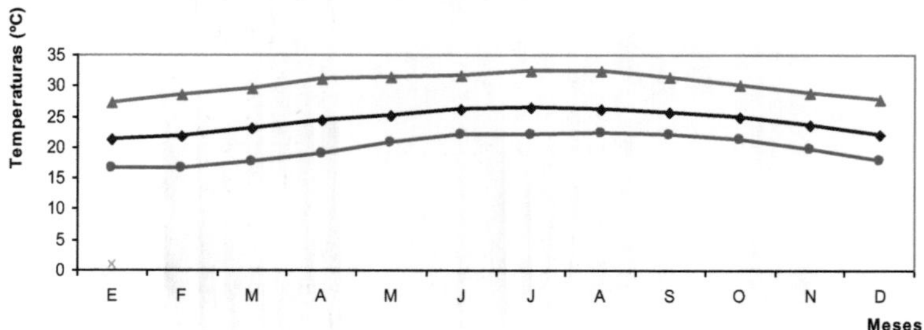

Figura 5. Temperaturas medias, medias máximas y medias mínimas mensuales en la Región Interior. (Centro Meteorológico Provincial)

La humedad relativa, por el contrario de las temperaturas presenta una marcha anual que se corresponde con la distribución estacional de las precipitaciones como se observa en la Figura 4; el máximo tiene lugar para la Región Meridional e Interior en los meses de septiembre y octubre mientras que para la Región Alturas Mayores de 600 m los valores máximos ocurren en los meses de septiembre, octubre y noviembre, los mínimos valores ocurren en marzo y abril para la Región Meridional, Interior y Alturas Mayores de 600 m.

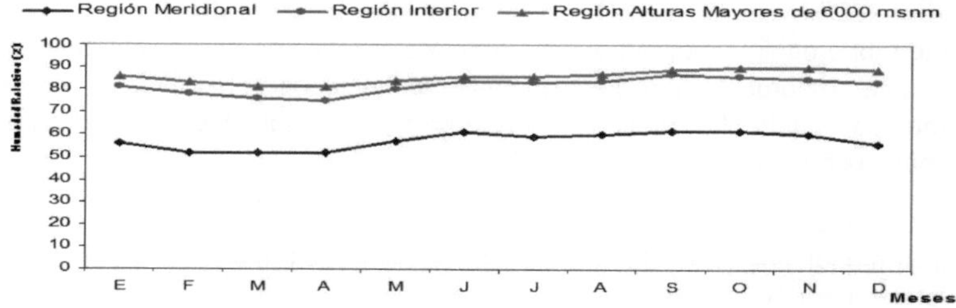

Figura 6. Humedad relativa media mensual en la Región Meridional, Interior y las Alturas Mayores de 600 m. (Centro Meteorológico Provincial).

Los valores de precipitaciones en este período son muy inferiores al período lluvioso, los máximos ocurren en los meses de transición al verano e invierno respectivamente y los mínimos en el mes de diciembre, al igual que para el período lluvioso las precipitaciones en la Región Alturas Mayores de 600 msnm son superiores (Tabla 2) y (Fig.1).

Tabla 2. Comportamiento de días con lluvias en la Región Meridional, Interior y Alturas Mayores de 600 m. (Centro Meteorológico Provincial).

# días con Lluvias	E	F	M	A	M	J	J	A	S	O	N	D	Total
Región Meridional	5	4	5	6	12	14	15	16	17	13	7	4	118
Región Interior	5	4	6	7	14	16	15	18	19	15	9	6	136
Alturas Mayores de 600 m	8	7	8	9	17	19	19	20	22	19	13	9	170

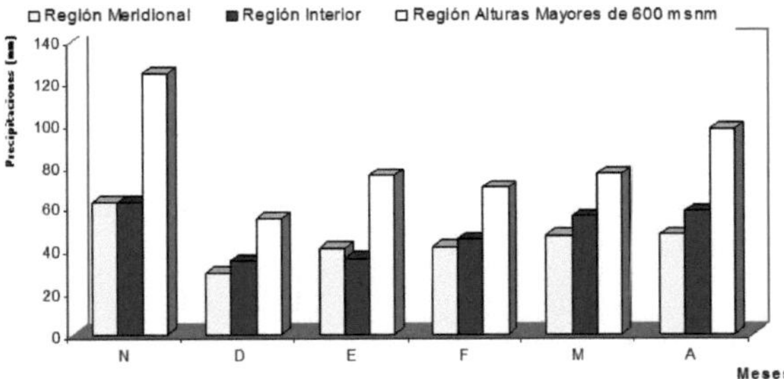

Figura 7. Comportamiento pluviométrico del período poco lluvioso en la Región Meridional, Interior y Alturas Mayores de 600 msnm. (Centro Meteorológico Provincial).

La dirección predominante de los vientos es del norte-nordeste al nordeste con velocidades entre 9 y 11 kilómetros por hora. Mientras que en los meses de marzo a junio hay incidencias del viento Sur, con velocidad promedio de 15 kilómetros por hora.

Según Lecha *et al.* (1987), si bien la variación espacial de la nubosidad media en el territorio cubano es pequeña, la variación de los días despejados y nublado es mucho más alta. Este hecho explica por qué las distribuciones de la insolación no tienen un comportamiento más uniforme, sino que es el resultado de los cambios constantes de la nubosidad en función de los distintos procesos meteorológicos, el comportamiento de la nubosidad aparece en la siguiente Tabla 4.

El número de días despejados es un elemento que tiene su mayor frecuencia de ocurrencia durante el período poco lluvioso del año, con máximos absolutos, generalmente, en marzo y abril. Su distribución espacial disminuye en dirección a la Región interior y la Región de Orografía Elevada. En el período lluvioso el número de días nublados tiene su mayor frecuencia, con máximos absolutos, generalmente, en los meses de junio, septiembre y octubre (Tabla 4).

Tabla 3. Comportamiento de la nubosidad en la Región Meridional, Interior y las Alturas Mayores de 600 m. (Centro Meteorológico Provincial).

Regiones	E	F	M	A	M	J	J	A	S	O	N	D
Región Meridional	3	3	3	3	4	5	4	4	4	4	3	3
Región Interior	3	3	3	3	4	5	4	4	4	4	4	3
Región Alturas Mayo-res de 600 m	5	5	5	5	6	6	6	6	6	6	6	5

En el municipio, la trayectoria de los ciclones es fundamentalmente de Suroeste o Nordeste y el período más frecuente es a partir de la segunda semana de octubre hasta la primera de noviembre, aunque históricamente pocos ciclones la han afectado directamente.

d) Hidrología

La red hidrográfica en el área está representada por un pequeño río que pasa a 0.5 km al oeste del cerro y corre de norte a sur hasta desembocar en el río Yayabo, que corre en una dirección aproximada NW-SE y que a su vez es afluente del Zaza.

En las cavidades y fracturas de estas rocas se acumulan aguas subterráneas, preferentemente de fisuras con una mineralización desde 1 g por litro hasta más de 3 g por litro según los resultados de análisis químicos efectuados durante el levantamiento geológico Escambray II zona Este. Aunque la composición química es variable, prevalecen las aguas carbonatadas cársicas.

El caudal de las corrientes subterráneas está en dependencia de la fisuración, del relleno de las grietas y otros factores que pueden hacer variar las capacidades acuíferas de las rocas andesíticas, que generalmente tienen gastos pequeños.

e) Suelos

Los factores que inciden en los tipos de suelos son la roca madre, el relieve y el régimen de precipitaciones, fundamentalmente. Y como estos factores son muy variados, originan una gran diversidad de suelos en el municipio. Los agrupamientos de suelos predominantes en las zonas llanas son los pardos, los ferralíticos y oscuros plásticos (Brito y Yera, 1985). En la llanura alta margosa aparecen suelos pardos con carbonatos predominantes En general, predominan los suelos arcillosos. La fertilidad de estos puede considerarse de mediana a buena y en ellos se cultiva: tabaco, arroz, caña de azúcar, viandas, vegetales, frutales y otros cultivos. Según Gutiérrez-Domech y Rivero (1999), los suelos son poco variados, predominan los pardos con carbonatos, típicos y plastogénicos.

Metodología empleada

El trabajo se realizó con el objetivo de conocer la composición y estructura de la vegetación presente en el elemento natural destacado Hornos de Cal, ubicada en el municipio Sancti Spíritus, provincia del mismo nombre.

La herramienta más usada en las últimas décadas para evaluar diversidad de especies vegetales en Cuba han sido las listas de especies. Esta aproximación es útil si se pretende saber rápidamente y con poco esfuerzo cuáles son las especies que habitan un lugar o cuáles son sus valores en términos de flora.

Para estudiar la flora se realizaron colectas a lo largo de un transepto o itinerario de censo de 1000 m de longitud por 20 m de ancho de banda, observando y colectando todo lo que se encontraba a ambos lados del itinerario de censo. Los ejemplares se determinaron de acuerdo a las obras de León (1946), León y Alain (1951, 1953, 1957), Alain (1964), Catasús (1997), Bässler (1998), Rodríguez (2000), Gutiérrez (2000, 2002), Albert (2005) y consultas de ejemplares del Herbario del Jardín Botánico de Sancti Spíritus (acrónimo JBSS), donde los materiales colectados fueron herborizados y procesados para su posterior depósito y conservación mediante procedimientos tradicionales. A partir de la prospección florística se efectuó un análisis de predominio numérico de las especies presentes en el lugar.

La distribución el endemismo se definió según Borhidi (1976) y la descripción de la vegetación se hizo de manera general, considerando la clasificación de Capote y Berazaín (1984).

La identificación botánica fue realizada preliminarmente en el campo y después confirmada con la literatura apropiada (González, *et al.*, 2016).

El muestreo se validó con el método de la curva área-especie y distancia, elaborada con el Software BioDiversity Pro versión 2.0. 1997 NHM & SAMS (Cantos, 2013).

RESULTADOS Y DISCUSIÓN

Representatividad estadística del muestreo

La gráfica especie - área y observado-esperado representada en la Figura 1, tiene tendencia a alcanzar el punto de inflexión o estabilización a los 400m (4 000m^2 de los 10 000 m^2 muestreados), donde la curva tuvo su punto de inflexión, haciéndose asintótica; lo que permite inferir que el muestreo realizado para la caracterización de la vegetación del área quedó validado. También las cinco parcelas fueron representativas de la diversidad de especies en los fragmentos de bosque analizados, coincidiendo con lo planteado por Rodríguez (2015), al explicar que para cálculos de diversidad es conveniente utilizar curvas de especie – área (figura 1).

REPRESENTATIVIDAD ESTADÍSTICA DE LOS MUESTREOS	
Universo muestral	10 000 m^2
Población muestral	5 000 m^2
Transepto	1 000 m^2(20% de la población muestral)

A

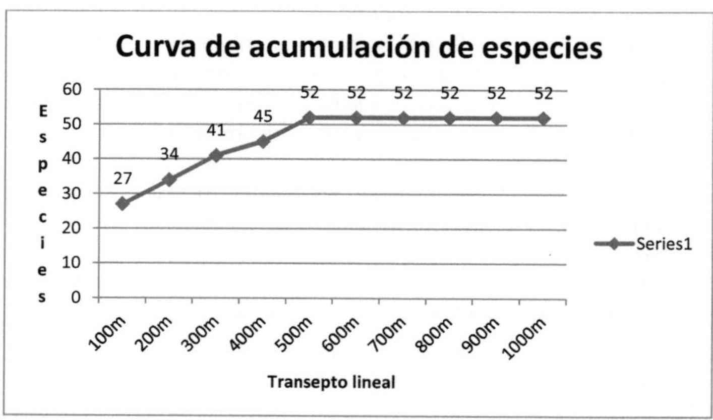

B

Figura 1. Gráfica del colector del muestreo realizado en el pinar objeto de estudio (A y B).

Así mismo existe correspondencia con lo expresado por Mitjans (2012), quien plantea que, en un bosque por el cual transitan muchas personas y existe presencia de perturbaciones antrópicas y naturales, lógicamente aparecerán nuevas especies con el trascurso del tiempo o se perderán algunas de las presentes.

Descripción de la formación vegetal

f) Biodiversidad

- **Flora**

Composición florística.

La diversidad de la flora del área estudiada es alta, representada por 259 especies, 195 géneros y 77 familias. Las familias más diversas fueron *Bromeliaceae, Polypodiaceae, Mimosaceae, Orchidaceae, y Fabaceae*.

Se detectaron nueve especies endémicas. También una En Peligro, una Vulnerable y una Amenazadas de extinción.

Las especies arbóreas mejor representadas en el fragmento de bosque y que alcanzaron mayor Índice de Valor de Importancia Ecológica fueron *Guasuma ulmifolia, Roystonea regia y Bursera simaruba*.

Su existencia en una zona cársica lo convierte en estructuralmente complejo. Es el predominio numérico de especies notófilas el que confiere carácter xerofítico a este bosque.

Relacionado con los tipos de adaptación morfoecológica hay que plantear, que el 60% de las plantas que integran el área presentan microfilia, un 25% posee espinas, un 7% tienen hojas suculentas y el 6% foliolos duros, todas éstas como respuesta adaptativa para protegerse de la tensión hídrica.

Presenta valores elevados de diversidad que demuestran tratarse de un bosque maduro y estructuralmente complejo, con varios estratos de vegetación.

Su flora se caracteriza por la presencia de árboles de gran porte como: jagüeyes, cedros, ceibas, algarrobos, guásimas, yagrumas y ayúas, entre otros, arbustos y matorrales espinosos, magueyes y gran cantidad de curujeyes, lianas y otras epífitas.

ESTRATO ARBÓREO

Algarrobo.................................... *Albizzia lebbeck.*

Almácigo..................................... *Bursera simaruba*

Ayúa.. *Zanthoxylum martinicense*

Bayúa.. *Zanthoxylum elephantiasis*

Bien vestido................................. *Gliricidia sepium*

Cedro.. *Cedrela mexicana*

Ceiba.. *Ceiba pentandra.*

Copey.. *Clusia rosea*

Cuaba blanca................................*Amyris balsamífera*

Guara.. *Cupania americana*

Guásima.......................................*Guazuma tomentosa*

Guira........................... ....*Crescentia cujete*

Jagüey..*Ficus Sp.*

Jía...*Casearia alba*

Palma real.................................... *Roystonea regia*

Rala... *Ateleia gummifera*

Sasafrás.. *Bursera graveolens*

Baría...*Cordia gerascanthus*

Yagruma.......................................*Cecropia peltata*

ESTRATO ARBUSTIVO

Pitahaya (Jíjira)............................. *Leptocereus Wrightii*

Capulinas.................................... *Muntingia calabura*

Caisimón..................................... *Pothomorphe peltata.*

Jibá... *Erythroxylon habanense*

Guao... *Comocladia dentata.*

Guayaba..................................... *Psidium guajaba.*

Lirio de costa .... *Plumieria Sp.*

Marabú....................................... *Dichrostachys cinerea*

Palo bronco................................. *Malpighia cuide*

Reina de la noche........................... *Selenicerusgrandiflorus*

ESTRATO HERBÁCEO

Alpargata.. *Paspalum notatum*

Añil cimarrón................................... *Indigofera sp.*

Aruña gato...................................... *Martynia annua*

Culantrillo de pozo.......................... *Adiantum tenerum*

Guisazo de caballo.......................... *Xanthium chinense*

Malva de caballo............................. *Sida acuta*

Malva de cochino............................ *Sida rhombifolia*

Yuquilla de ratón..............................*Zamia sp.*

Piña de ratón................................... *Bromelia pinguin*

Platanillo de Cuba........................... *Piper aduncum*

Romerillo blanco............................. *Bidens pilosa*

Yerba de guinea.............................. *Panicum maximum*

EPIFITAS

Curujey.. *Tillandsia sp.*

Guajaca... *Tillandsia usneoides*

TREPADORAS

Aguinaldo de pascuas.......................*Turbina corymbosa*

Bejuco ubí...................................... *Cissus sicyoides*

Cundeamor..................................... *Momordica charantia*

Malanga trepadora.......................... *Scindapsus aureus*

Ortiguilla....................................... *Tragia volúbilis*

Picapica... *Mucuna pruriens*

Zarza... *Pisonea aculeata*

Zarzaparrilla de palito..................*Serjania subdentata*

Vegetación

La vegetación ha sido delimitada en varios tipos de formaciones vegetales que se aprecian en los diferentes hábitats. La clasificación de la vegetación establecida para los planes de Manejo es la propuesta por J. Bisse y contenida en la Ley Forestal., el mapa de Vegetación presenta la propuesta por Capote y Berazaín (1984), de esta forma se procede a establecer una comparación entre ambas clasificaciones:

Tabla 4.Equivalencias entre las clasificaciones de las formaciones vegetales de Cuba de Capote y Berazaín y de las formaciones boscosas de Cuba de J. Bisse.

No.	INSTITUTO DE BOTANICA	J. BISSE
Formaciones arbóreas		
	Bosque Semideciduo	
	Bosque Semideciduo Mesófilo	Semicaducifolio sobre Suelo Calizo
Formaciones herbáceas		
	Vegetación Secundaria	

Fuente: Dirección Forestal Nacional.

Formaciones vegetales presentes en el área.

I. Bosques

I.1.1. Bosque semideciduo.

II. Bosques secundarios.

III.1. Bosques seminaturales.

III.1.1. Bosque seminatural semideciduo mesófilo.

III. Matorrales secundarios.

III.1. Matorrales seminaturales.

III.1.1. Matorral seminatural sobre carso.

III.2. Matorrales sinantrópicos.

III.2.1. Matorrales sinantrópicos (maniguas).

Bosque semideciduo mesófilo.

Ocupa una superficie de cinco has; mayormente sobre suelos esqueléticos a medianamente esqueléticos rodeando al cerro cársico o monte testigo. Consta de dos estratos arbóreos, el superior de hasta 16-20 m compuesto por elementos deciduos: *Cedrela odorata* (cedro), *Bursera simaruba* (almácigo), *Calycophyllum candidissimum* (dagame), *Zanthoxylon martiniscensis* (ayúa), como emergentes *Ceiba pectandra* (ceiba), *Roystonea regia* (palma real) y *Ficus sp.* (Jagüey). En el estrato inferior, 10-15 m, predominan las especies *Oxandra lanceolata* (yaya), *Casearia hirsuta* (raspalengua), *Casearia aculeata* (jía espinosa), *Trichilia havanensis* (siguaraya), *Adelia ricinella* (jía blanca), *Gerascanthus gerascanthoides* (varía). En el estrato arbustivo existen individuos juveniles de las especies de los estratos superiores, además de *Erythroxylon havanensis* (jibá) y *Palicourea domingensis.* El estrato herbáceo es pobre, en él se observan las gramíneas *Pharus latifolius*, *Oplismenus hirtellus* y los helechos *Adiantum piramidale*, *Adiantum pulverulentum y Tectaria heracleifolia*. Las epífitas existentes sobre los emergentes, tienen en su mayoría, hojas coriáceas cubiertas de escamas como las especies de bromeliáceas *Tillandsia utriculata*, *Tillandsia fasciculata y Tillandsia variabilis*, están presentes también especies espinosas como *Hoembergia penduliflora*, y algunas orquídeas resistentes a ecotopos secos y soleados e.g. *Encyclia fucata*, *Encyclia phoenicia, Encyclia boothiana y Oncidium luridum*, esta última también se presenta en las ramas bajas, los troncos o sobre rocas.

Las lianas están bien representadas por *Philodendron hederaceum*, *Philodendron lacerum* (macusey), *Canavalia ekmanii* (mate), *Securida caelliptica*, *Passiflora suberosa, Platygine hexandra* (ortiguilla), *Chamissoa altissima* (Guaniquíqui malo), *Trichostigma octandrum* (Guaniquíqui bueno) y *Smilax havanensis* (alambrillo), entre los arbustos trepadores encontramos a *Pisonia aculeata* (zarza), *Solandra longiflora* y *Chioccoca alba* (bejuco verraco). Aunque en sentido general se mantiene la fisionomía de estos bosques, en su mayoría manifiesta síntomas de antropización fundamentalmente por la extracción selectiva de maderas preciosas, y los desmontes para el cultivo de la tierra o el uso ganadero en el pasado.

Semicaducifolio sobre suelos calizos (Scf/c)

Tiene una extensión de unas cinco hectáreas. Este tipo de formación se encuentra distribuida a través de todo el sócalo calizo del municipio, donde existen suelos esqueléticos. Su diversidad en cuanto a desarrollo corre pareja con la extensa gama de suelos derivados de rocas calcáreas que lo sustentan y el escalonamiento altitudinal que alcanza. En efecto, lo encontramos cubriendo los suelos escabrosos de Hornos de Cal, desde no más de cinco m.s.n.m., hasta los suelos muy transformados que ocurren en llanos, colinas (fig.7).

Figura 8. Vista panorámica del bosque semicaducifolio sobre roca caliza sobre el cerro cársico Hornos de Cal.

Fue por así decirlo, la vegetación mesófita de más amplia distribución en Cuba, y lógicamente del municipio, la que más tierras ha cedido, primero a la explotación indiscriminada de intereses privados, y ahora, al desarrollo agropecuario en beneficio de toda la sociedad. Florísticamente, está integrada por más de 200 especies maderables, latifolias, y no son pocos los rodales donde están representadas 50 o más de ellas. Se trata de montes que alcanzan una altura entre 20 y 30 m, cuando no han sido descuajados y degradados. Están constituidos por dos estratos arbóreos y uno arbustivo; el herbáceo falta normalmente. Una representación, dentro de la extensa gama de especies, son las siguientes:

Almacigo *(Bursera simaruba)*

Baria *(Cordia gerascanthus)*

Caoba antillana *(Swietenia mahagoni)*

Cedro *(Cedrela odorata)*

Dagame *(Calycophyllum candidissimun)*

Jocuma *(Mastichodendron foetidissimum)*

Sabicu *(Lysiloma latisiliqua)*

Yaba *(Andira inermis)*

Yaiti *(Gimnanthes lucida)*

Yaya *(Oxandra lanceolata)*

Después que la vegetación original es destruida, se desarrolla un monte secundario compuesto de especies de crecimiento rapido, entre las cuales sobresalen:

Almacigo *(Bursera simaruba)*

Yagruma *(Cecropia peltata)*

Cabo de hacha *(Trichilia hirta)*

Esta formación secundaria con frecuencia se hace impenetrable, por la existencia de numerosas lianas. Asimismo, una composición especial presentan los montes semicaducifolios de las riberas de arroyos y ríos también denominados bosques de galería, donde se aprecian como plantas características:

Guama *(Lonchocarpus dominguensis)*

Roble de yugo*(Tabebuia angustata)*

Majagua común *(Hibiscus elatus)*

No obstante la degradación en que se encuentran los montes semideciduos del territorio, su relativa abundancia frente a otros tipos de bosques, la diversidad de especies, calidades y dimensiones que ofrece, en virtud de los diferentes sitios que ocupa, su ubicación en cuanto a permitir la factibilidad del transporte de los productos, más la necesidad de un desarrollo agropecuario industrial y social acelerado, han requerido continuar explotándolos, aunque en una forma más racional que la ocurrida antes de 1959.

Por otra parte, como veremos más adelante, muchos de estos bosques son susceptibles de ser restaurados mediante un detallado estudio de inventario y ordenación. De esta forma serán entonces capaces de suministrar en forma sostenible, no sólo productos leñosos y maderables para uso directo, sino maderas duras y preciosas para la industria, todo ello sin descuidar, además su papel hidrológico y contraerosivo que ya tienen, conjuntamente con el de servir de abrigo y alimentación a una gran variedad de especies de nuestra fauna salvaje asociada con la vegetación forestal.

Bosque secundario, Bosque seminatural o bosque seminatural semideciduo mesófilo.

Se desarrolla en la periferia del monte testigo, alternando con el semideciduo mesófilo sobre suelo pardo con carbonatos, surge cuando ha ocurrido la tala selectiva de maderas preciosas. Las diferentes etapas de sucesión, que presenta a esta unidad de vegetación, en el área, están en dependencia del grado de deforestación a que fue sometida, tiempo que lleva sin alteración y a las condiciones edafo-climáticas.

Aquí predominan numerosas especies de lianas, entre las que se pueden citar: *Gouania lupuloides, Pithechocteniu mechinatum, Mikania micrantha, Chamissoa altissima, Trichostigma octandrum, Smilax havanensis, Acacia tenuifolia y Cissus spp*. entre otras. Entre las especies arbóreas pioneras, que caracterizan a la formación en esta localidad, están: *Gerascanthus gerascanthoides, Gerascanthus collococcus, Luehea speciosa, Guazuma ulmifolia, Trichilia hirta, Trichilia havanensis, Cupania americana y Picramnia pentandra*; o en dependencia del grado de recuperación en que se encuentre la formación existen algunas especies de la vegetación original, tales como: *Ceiba pectandra, Roystonea regia y Ficus spp*, entre otras.

Matorral seminatural sobre carso.

Este tipo de vegetación surge cuando la original se destruye, en las colinas y lomas donde aflora el carso y se producen incendios periódicamente. Formándose un matorral abierto, caracterizado por especies típicas de farallones calcáreos y de ecotopos más secos, como: *Agave brittoniana, Ateleia apetala, Pictetia angustifolia, Comocladia dentata, Comocladia platyphylla*; numerosas lianas entre las que se destacan, *Smilax havanense, Platygine hexandra* y especies de convolvuláceas; además de gramíneas introducidas como, *Panicum maximun, Hyparremia rufa, Paspalum sp*. Las especies arbóreas de la vegetación original que se observan aquí en la regeneración son: *Cedrela odorata, Luehea speciosa y Gerascanthus gerascanthoides.*

Matorral sinantrópico (maniguas).

Se forma cuando se destruye completamente la vegetación original y se somete al fuego periódicamente, a partir del cual se originan comunidades de arbustos sinantrópicos y de alta sociabilidad.

Especies invasoras.

La presencia e incidencia de estas especies resulta con mayor frecuente en lugares donde ha existido un mayor proceso de antropización, predominando en los bosques y matorrales secundarios. También debemos incluir el bosque de galería y las sabanas seminaturales.

Recursos forestales.

Los bosques del área protegida se clasifican como bosques de conservación, cuya función principal es proteger y conservar los recursos naturales y solamente se realizan las medidas orientadas al reforzamiento de su función principal y su categoría es Bosques para la Protección y Conservación de la Fauna, ocupa un patrimonio de 5 ha. El mayor % de los bosques son jóvenes, concentrándose las mayores cantidades en las clases diamétricas que se encuentra entre 15-16 (29 %). La mayor cantidad de área boscosa se encuentran con una densidad de 0.5 - 0.7 (35 %); aunque tiene una distribución bastante uniforme es un indicador a tener en cuenta a la hora de manejar el bosque y principalmente para realizar los tratamientos. El proyecto de Ordenación Forestal se encuentra en fase elaboración.

Endemismo

El endemismo para el área se comporta de la siguiente manera: 26 son endémicos cubanos, de los cuales, 15 corresponden al nivel de especie y el resto a subespecies. Aunque estos datos de riqueza parecen ser bajos, debe tenerse en cuenta que el área boscosa solo abarca 5 ha, con elevado nivel de antropización y no existe ecosistemas acuáticos, donde puedan habitar mayor número de especies.

CONCLUSIONES

La diversidad de la flora del área estudiada es alta, representada por 259 especies, 195 géneros y 77 familias. Las familias más diversas fueron *Bromeliaceae, Polypodiaceae, Mimosaceae, Orchidaceae, y Fabaceae*.

Se detectaron nueve especies endémicas. También una En Peligro, una Vulnerable y una Amenazadas de extinción.

Las especies arbóreas mejor representadas en el fragmento de bosque y que alcanzaron mayor Índice de Valor de Importancia Ecológica fueron *Guasuma ulmifolia, Roystonea regia y Bursera simaruba*.

Su existencia en una zona cársica lo convierte en estructuralmente complejo. Es el predominio numérico de especies notófilas el que confiere carácter xerofítico a este bosque.

Relacionado con los tipos de adaptación morfoecológica hay que plantear, que el 60% de las plantas que integran el área presentan microfilia, un 25% posee espinas, un 7% tienen hojas suculentas y el 6% foliolos duros, todas éstas como respuesta adaptativa para protegerse de la tensión hídrica.

Presenta valores elevados de diversidad que demuestran tratarse de un bosque maduro y estructuralmente complejo, con varios estratos de vegetación.

REFERENCIAS BIBLIOGRÁFICAS

Acevedo, P., 1991. *Flora of the Greater Antilles Newsletter.* Number 1, May.

Alain, Hno., 1964. *Flora de Cuba*. Tomo V. Asoc. Est. Cien. Biol. La Habana, 363 pp.

Alain, Hno. 1974. *Flora de Cuba*. Suplemento. Instituto Cubano del Libro. La Habana, 150 pp.

Albert, D., 2005. Meliaceae: (ed.) *'Flora de la República de Cuba. Serie A, Plantas Vasculares*. Fascículo 10 (5). 44 pp. Koenigstein: Koeltz Scientific Books. Alemania. ISBN 3-906166-30-9.

Álvarez, P. y J. C. Varona. 2006. *Silvicultura*. La Habana: Editorial Félix Varela, La Habana, 354 pp.

Ávila, J. *et al.* 1979. *Ecología y Silvicultura*. Ed. Pueblo y Educación. La Habana, 437 pp.

Armenteras, D., González, T. M., Retana, J., & Espelta, J. M. 2016. *Degradación de bosques en Latinoamérica: Síntesis conceptual, metodologías de evaluación y casos de estudio nacionales.* IBERO-REDD+.

Bässler, M., 1998. Mimosaceae: (ed.) *Flora de la República de Cuba Serie A, Plantas Vasculares*. Fascículo 2. 202 pp. Koenigstein: Koeltz Scientific Books. Alemania. ISBN 3-87429-408-0.

Berazaín, R. 1982. *Fitogeografía.* Facultad de Biología. Universidad de La Habana, 313 pp.

Berazaín, R. & M. Reinés (1987). *Manual de Prácticas de Laboratorio de Ecología General*. Editorial Pueblo y Educación. La Habana, 64 pp.

Bisse, J. 1988. *Árboles de Cuba.* Editorial Científico – Técnica. La Habana, 384 pp.

Borhidi, A., 1991. *Phytogeografic and Vegetation Ecology of Cuba.* Akadémiai Kiadó, Budapest. 857 pp.

Borhidi, A. y O. Muñiz, 1986. *The phytogeographic survey of Cuba II*. Floristic, relantionships and phytogeographic subdivision. *Acta Botanica Hungarica* **32**(1-4):3-48.

Boscopé, F. y P. Jorgensen (2005). Caracterización de un bosque montano húmedo: Yungas, La Paz. *Ecología en Bolivia, 40(3)*, 365-379.

Capote, R. P. y R. Berazaín, 1984. Clasificación de las Formaciones Vegetales de Cuba. *Rev. Jard. Bot. Nac.,* **5**(2):27-75.

Catasús, L., 1997. Las gramíneas (Poaceae) de Cuba I. *Fontqueria* XLVI. 259 pp.

Chiappy, C., L. Montes, P. Herrera, L. Íñiguez y A. González. 1985. Algunos aspectos de la flora y vegetación de Cayo Caguanes, provincia Sancti Spíritus, Cuba. Memorias de I Simposio de Botánica, t. III. La Habana, pp. 60-98.

Colectivo de autores. 2011. *Bosques de Cuba*. Editorial Científico-Técnica. La Habana, 192 pp.

Colectivo de autores. 2012. *Experiencias en la protección de la biodiversidad y el desarrollo sostenible en la Provincia de Sancti Spíritus*. Editorial AMA. La Habana, 166 pp.

Chala Arias, K., & Figueredo Figueredo, A. L. (2020). Caracterización de la flora de un sector del bosque de galería del río Yara. *Revista Científica Agroecosistemas*, 8(1), 59-63.

Del Risco, E. (1995): *Los bosques de Cuba. Su historia y características*. Edit. Científico-Técnica. La Habana. 96 pp.

Del Risco, E. (Inédito): *Metodología para la tipificación de los bosques cubanos*. IIF. 29 pp.

Del Risco, E. y M. González (inédito): *Tipología de los pinares de Cajálbana, Pinar del Río*. IIF: 10 pp.

Del Risco, E. y O. J. Reyes (Inédito): *Tipología de los pinares de Pinus cubensis Griseb. y algunas recomendaciones silvícolas para su manejo***.** IIF: 68 pp.

Elenevki, A., I. E. Méndez, R. Trujillo, V. Martínez y R. del Risco, 1988. Inventario florístico de Cayo Sabinal. *Rev.Jardín Bot. Nac.*, **9**(2):51-63.

García-Lahera, J. P. y E. R. Bécquer. 2001. Flora y vegetación de una localidad cársica de la reserva ecológica Lomas de Banao. *Rev. Jard. Bot. Nac.,* 22 (1): 49-65.

García-Lahera, J. P., A. Domínguez y B. Pérez-Silva. 2007. Flora y vegetación del Parque Nacional Caguanes, Sancti Spíritus, Cuba. *Brenesia,* 67: 9-24.

González, S. 1987. Botánica I. Editorial Pueblo y Educación. La Habana, 162 pp.

Gómez de la Maza, M. &. Roig J.T., 1914. *Flora de Cuba* (datos para su estudio). *Bol. Estac. Exp. Agron.* Santiago de las Vegas, **22.**

Gutiérrez, J., 2000. "Flacourtiaceae: (ed.) Flora de la República de Cuba. Serie A", *Plantas Vasculares.* Fascículo 5 (1). 76 pp. Koenigstein: Koeltz Scientific Books. Alemania. ISBN 3-904144-28-6, 2002. "Sapotaceae: (ed.) Flora de la República de Cuba. Serie A", *Plantas Vasculares.* Fascículo 6(4). 59 pp. Koenigstein: Koeltz Scientific Books. Alemania. ISBN 3-904144-86-3.

González Izquierdo, E. 2006. *Tipología Forestal.* Universidad de Pinar del Río Hermanos Saíz Montesdeoca. Facultad Forestal y Agronomía. Departamento Forestal. Pinar del Río, 166 pp.

González Torres, L. R., Palmarola, A., González Oliva, L., Bécquer, E.R., Testé, E., & Barrios, D. (2016). Lista roja de la flora de Cuba. *Bissea*, 10(1).

Hernández-Muñoz, A. y E. Acosta. 1989. Caracterización ecológica de Los Cayos de Piedra, Archipiélago de Sabana-Camagüey, Cuba. *Compilación sobre innovaciones y racionalizaciones de las BTJ-ANIR.* Centro Multisectorial de Información Científico-Técnica, Sancti Spíritus, Cuba.

Hernández Muñoz, A. *et al.* 2023. *Flora y vegetación del bosque de galería del Jardín Botánico de Sancti Spíritus, Cuba*. Editorial Académica Española, pp.

León, Hno., 1946. "Flora de Cuba 1. Gimnospermas. Monocotiledóneas. *Contr. Ocas. Mus. Hist. Nat. Colegio"De La Salle"*, **8.**

León, Hno. & Alain, Hno., 1951. Flora de Cuba. *Contr. Ocas. Mus. Hist.Nat. Colegio "De La Salle"*, **10**.

Mitjans, B. (2012). *Rehabilitación del bosque de ribera del río Cuyaguateje, en su curso medio*. Estrategia participativa para su implementación. (Tesis doctoral). Universidad de Pinar del Río "Hermanos Saíz Montes de Oca".

Moreno, C. E. (2001). Métodos para medir la biodiversidad. *M & T-Manuales y Tesis SEA.*

Moya, C. E., A. T. Leiva, J. L. Valdés, J. Martínez-Fortún y A. Hernández-Muñoz. 1991. *Gaussia spirituana* Moya et Leiva, sp. Nov.: una nueva palma de Cuba Central. *Rev. Jard. Bot. Nac,* 12: 15-20.

Rodríguez, A., 2000. "Sterculiaceae: (ed.) Flora de la República de Cuba. Serie A", *Plantas Vasculares*. Fascículo3(4). 68 pp. Koenigstein: Koeltz Scientific Books. Alemania. ISBN 3-87429-415-3.

Roig, J.T., 2014. *Diccionario Botánico de Nombres Vulgares Cubanos*, Cuarta edición. Editorial Científico-Técnica. La Habana. 949 pp.

Soler, P. E., Berroteran, J. L., Gil, J. L., & Acosta, R. (2012). Índice de valor de importancia, diversidad y similaridad florística de especies leñosas en tres ecosistemas de los llanos centrales de Venezuela. *Agronomía tropical*, 62(1-4), 25-37.

Valdés-Lafont, O. y R. Capote. 1989. ·El distrito Saguense (Cuba Central), contribución al conocimiento de sus características fitogeográficas. *Rev. Jard. Bot. Nac.*,10(3):229-250.

ANEXOS

Anexo 1. Tipo de endemismo: PC: pancubano, R: regional, L: local. Grado de Amenaza: CR: En Peligro Crítico, EN: En Peligro, VU: Vulnerable, A: Amenazado.

Nombre Científico	Nombre Vulgar	Endémico		Tipo de endemismo			Grado de Amenaza			
		End	no	PC	R	L	CR	EN	VU	A
HELECHOS										
POLYPODIACEAE										
Phlebodium aureum (L.) Smith	Calaguala	x		x						
PTERIDACEAE										
Adiantum fragile Sw.	Culantrillo	x		x						
GIMNOSPERMAS										
ZAMIACEAE										
Zamia sp.	Guáyara, Yuquilla de ratón	x		x						
ANGIOSPERMAS										
ACANTHACEAE										
Oplonia tetrasticha (Wr. ex Griseb.) Stearn *		x								
AGAVACEAE										
Agave legrelliana Jacobi,	Maguey	x			x					
ANACARDIACEAE										
Comocladia platyphylla A.Rich	Guao	x		x						
APOCYNACEAE										
Cameraria retusa Griseb.		x		x						
ARACEAE										
Anthurium cubense Engler,	Anturium	x								
Xantosoma cubense (Schott) Schott.,	Malanga	x								
ASTERACEAE										
Vernonia menthifolia (Poepp. ex Spreng.) Less.	Rompesaragüey macho	x		x						
BIGNONIACEAE		End	no	PC	R	L	CR	EN	VU	A
Catalpa punctata (Grises.)	Roble de olor	x			x					
BORAGINACEAE										
Cordia sulcata DC.	Ateje cimarrón, Palo tabaco	x		x						
CACTACEAE										
Selenicereus grandiflorus (L.) Britt et Rose	Reina de la noche	x		x						
Leptocereus wrightii León	Pitahaya	x		x						
Senna insularis (Britt. & Rose) Irwin et Barneby	Bejuco de la Virgen	x		x						
CLUSIACEAE										
Garcinia aristata (Grises.) Borhidi.,	Manajú	x		x			x			
COMBRETACEAE		End	no	PC	R	L	CR	EN	VU	A
Terminalia eriostachya A. Rich.	Chicharrón	x		x					x	
Terminalia neglecta Bisse.	Chicharrón	x			x					
DICHAPETALACEAE										
Tapura obovada Britt et Wils.	Cagada de aura	x			x					
ELAEOCARPACEAE										
Sloanea amygdalina Griseb.	Berijúa, Juba blanca	x		x			x			
EUPHORBIACEAE										
Chascotheca neopeltandra (Griseb) Urb.		x		x						

FABACEAE		End	no	PC	R	L	CR	EN	VU	A
Canavalia ekmanii Urb	Mate colorado	x		x						
Hebestigma cubense (Kunth) Urb.	*Frijolillo, Juravaina*	x		x						
GOETZACEAE										
Espadaea amoena A. Rich.	Rasca barriga	x		x						
LORANTHACEAE										
Dendropemon lepidotus (Drug et Urb.) Leiva et arias	Palo caballero	x		x						
MENISPERMACEAE										
Hyperbaena domingensis (DC.) Benth.	Bejuco prieto	x		x						
MYRTACEAE										
Calyptranthes decandra Griseb.	Mije	x			x					
OLEACEAE										
Forestiera rhamnifolia Griseb.	Coreicillo	x		x						
ORCHIDACEAE										
Encyclia phoenicea (Ldl.) Neum.		x		x						
PIPERACEAE										
Piper aduncum L.	Platanillo de Cuba	x		x						
POLYGALACEAE										
Securidaca elliptica Turcz	Maravedí	x		x						
RUBIACEAE										
Casasia calophylla A. Rich.	Jagüilla	x		x						
Guettarda calyptrata A. Rich.	Contraguao	x		x						
Guettarda urbanii Ekm. ex Urb.	Guayabillo	x			x					x
Psychotria horizontales Sw.	Tapa camino	x		x						
SAPOTACEAE		End	no	PC	R	L	CR	EN	VU	A
Pouteria dictyoneura(Griseb) Radlk	Cocuyo	x		x				x		

Anexo 2. Listado de especies de la flora de Hornos de Cal.

Tipo de endemismo: PC: pancubano, R: regional, L: local. Grado de Amenaza: CR: En Peligro Crítico, EN: En Peligro, VU: Vulnerable, A: Amenazado. Usos: Ma: maderable, Me: medicinal, Ml: melífero, Fr: frutal, Fo: forestal, O: otros usos.

Nombre Científico	Nombre Vulgar	Endémico		Tipo de endemismo			Grado de Amenaza				Uso					
		End	no	PC	R	L	CR	EN	VU	A	Ma	Me	Ml	Fr	Fo	O
HELECHOS																
DRYOPTERIDACEAE																
Maxonia apiifolia(Sw.) C. Chr.	Helecho trepador		x					x								x
POLYPODIACEAE																
Campyloneurum phyllitidis (L.) Presl.	Pasa de negro															x
Microgramma heterophylla (L.) ferry	Helecho															
Microgramma piloselloides (L.) Copel	Helecho															
Niphidiumcrassifolium (L.) Lellinger	Helecho															
Phlebodium aureum (L.) Smith	Calaguala	x		x								x				
Polypodium polypodioides (L.) Watt.	Doradilla											x				
Tectaria heracleifolia (Willd.) Underw.	Helecho															
PTERIDACEAE																
Adiantum capillus-veneris L.	Culantrillo de pozo															
Adiantum fragile Sw.	Culantrillo	x		x												
SELAGINELLACEAE																
Selaginella plumosa (L.) C. Presl	Selaginela															x
GIMNOSPERMAS																
ZAMIACEAE																
Zamia latifoliata	Guáyara, Yuquilla de ratón	x														x
ANGIOSPERMAS																
ACANTHACEAE																
Justicia reptans Sw.																
Dicliptera assurgens (L.) Juss. Gallito, Justicia																
Oplonia tetrasticha (Wr. ex Griseb.) Stearn *		x														
Ruellia nudiflora	Salta perico															
Thunbergia alata Coger ex Sims																
Thunbergia fragrans Roxb.																
AGAVACEAE																
Agave legrelliana Jacobi,	Maguey	x			x											
ANACARDIACEAE																
Comocladia dentata Jacq.	Guao Prieto											x				
Comocladia platyphylla A.Rich	Guao	x		x								x				
Mangifera indica L.	Mango													x	x	
Spondias mombin L.	Jobo													x	x	x
ANNONACEAE																
Annona montana Maca.	Guanábana cimarrona													x		
Oxandra lanceolata (Sw.) Baill.	Yaya										x				x	
Oxandra laurifolia (Sw.) A. Rich	Purio										x				x	
APOCYNACEAE																
Angadenia berterii (A. DC.) Miers,	Marrullerito															
Forsteronia corymbosa (Jacq.) G. Meyer,	Coralito, Bejuco prieto															
Plumeria obtusa L.,	Lirio blanco											x				x
Rauvolfia nitida	Malambo											x			x	
Rauvolfia tetraphylla L.	Cagada de aura															

AQUIFOLIACEAE																
Ilex repanda Griseb.,	Acebo, Palo bobo															
ARACEAE																
Anthurium cubense Engler,	Anturium	x														
Xantosoma cubense (Schott) Schott.,	Malanga	x														
ARALIACEAE		End	no	PC	R	L	CR	EN	VU	A	Ma	Me	MI	Fr	Fo	O
Dendropanax arboreus (L.) Dec. & Planch.	Vívona														x	
Didimopanax morototoni (Aubl) Dec. Et. Planch.	Yagruma macho,														x	
ARECACEAE																
Roystonea regia (Kunth) O. F. Cook.	Palma real										x	x	x		x	x
ASCLEPIADACEAE																
Asclepia curasabica L.	Caléndula roja											x				
Asclepia nivea L.	Caléndula blanca											x				
Cynanchum caribaeum Alain,	Matachivo															
Cynanchum sp.	Alambrillo															
Fischeria crispiflora (Sw.) Schltr.	Huevo de toro															
ASTERACEAE																
Ageratum conyzoides L.	Celestina azul															
Baccharis halinifolia L.	Yanilla															
Bidens alba (L.) DC. var. *radiata*	Romerillo											x				
Eupatorium odoratum L.	Rompezaragü ey															x
Eupatorium villosum Sw.	Casco de mulo															
Parthenium hysterophorum	Escoba amarga															
Vernonia menthifolia (Poepp. ex Spreng.) Less.	Rompesaragü ey macho	x		x												
Viguiera dentata (Cav.) Spreng.	Romerillón															
BIGNONIACEAE		End	no	PC	R	L	CR	EN	VU	A	Ma	Me	MI	Fr	Fo	O
Catalpa punctata (Grises.)	Roble de olor	x			x										x	
Crescentia cujete L.	Güira											x			x	
Cydista diversifolia (HBK) Miers.	Bejuco de vieja															
Jacaranda coerulea (L.) Griseb.	Abey macho														x	x
Parmentiera edulis D.C.	Chote															x
Pithecoctenium echinatum (Aubl.) K. Schum.	Guayito															
Tabebuia angustata Britt.	Roble blanco														x	x
Tabebuia shaferi Brito.	Roble	x		x												x
Tecoma stans L. Juss. Ex Kunth.,	Saúco amarillo															x
BOMBACACEAE																
Ceiba pentandra (L.) Gaerth.	Ceiba														x	x
BORAGINACEAE																
Cordia collococca L.	Ateje colorado														x	x
Cordia sulcata DC.	Ateje cimarrón, Palo tabaco	x		x											x	
Ehretia tinifolia L.	Llorón, Guayo prieto														x	
Cordia gerascanthus L.	Baría										x				x	
Tournefortia bicolor Sw.	Nigua													x		
Varronia globosa var. *Humilis*(Jacq.) Borhidi,	Yerba de la Sangre, Juan Prieto											x				
BRASSICACEAE																
Rorippa poetoricensis (Spreng) Stehlé	Rábano cimarrón															
BROMELIACEAE																
Bromelia pinguin L.	Piña de ratón											x				x
Catopsis nitida (Hook) Griseb.	Curujey															
Hohenbergia penduliflora (A. Rich.) Mez	Curujey															
Tillandsia recurvata L.	Curujey															
Tillandsia tenuifolia L.	Curujey															

Tillandsia usneoides L.	Guajaca															
Tillandsia valenzuelana A. Rich.	Curujey															
BURSERACEAE		End	no	PC	R	L	CR	EN	VU	A	Ma	Me	Ml	Fr	Fo	O
Bursera simaruba (L.) Sargent,	Almácigo											x			x	x
CACTACEAE																
Leprocereus wrightii León	Pitahaya	x														
Rhipsalis cassutha Gaertn.	Disciplinilla															
Selenicereus grandiflorus (L.) Britt. & Rose	Reina de la noche	x														x
CAESALPINIACEAE																
Senna insularis (Britt. & Rose) Irwin et Barneby	Bejuco de la Virgen	x		x												
Senna ligustrina (L.) Irwin et Barneby var. *ligustrina*	Guanina															
Senna occidentales (L.) Link	Guanina															
Poeppigia procera Pressl.	Tenge														x	
CAMPANULACEAE																
Hipporoma longiflora (L.) Paterm.	Revienta caballo															
CANELLACEAE																
Canella winterana (L.) Gaertn.	Canelón											x			x	
CAPPARACEAE																
Capparis flexuosa L.	Mostacilla															
CECROPIACEAE																
Cecropia schreberiana Miq.	Yagruma											x			x	
CELASTRACEAE																
Schaefferia frutescens Jacq.	Panza de vaca															
CLUSIACEAE																
Calophyllum antillanum Britt.	Ocuje														x	
Clusia rosea Jacq.	Copey														x	
Clusia minor L.	Copeycillo															
Garcinia aristata (Grises.) Borhidi.,	Manajú	x		x			x								x	
COMBRETACEAE		End	no	PC	R	L	CR	EN	VU	A	Ma	Me	Ml	Fr	Fo	O
Buchenavia tetraphylla (Aubi,) How.	Júcaro amarillo														x	
Terminalia catappa L.	Almendrón														x	x
Terminalia eriostachya A. Rich.	Chicharrón	x		x					x						x	
Terminalia neglecta Bisse.	Chicharrón	x			x										x	
CONVOLVULACEAE																
Ipomoea alba L.	Flor de la Y															
Ipomoea carolina L.	Bejuco indio												x			
Ipomoea nil (L.) Roth.	Campana azul												x			
Merremia tuberosa (L.) Rendle	Campanilla amarilla												x			
Turbina corymbosa (L.) Raf.	Campanilla blanca												x			
CUCURBITACEAE																
Luffa cilindrica L.	Estropajo															x
Melotria guadalupensis (Spreng.) Cogn.	Pepino cimarrón															
Momordica charantia L.	Cundeamor															x
Psiguria pedata (L.) Howard	Mi flor															
DICHAPETALACEAE																
Tapura obovada Britt et Wils.	Cagada de aura	x			x											
DILLENIACEAE																
Davilla rugosa Poir.	Bejuco colorado															x
Dolicarpus dentatus (Aubl.) Standi.	Bejuco guajamón															x
DIOSCORIACEAE		End	no	PC	R	L	CR	EN	VU	A	Ma	Me	Ml	Fr	Fo	O
Dioscoria sp.	Ñame cimarrón															x
Rajania angustifolia Sw.	Ñame cimarrón															x
Rajania cordata L.	Alambrillo															
ELAEOCARPACEAE																
Mutingia calabura L.	Guasimilla, Capulí													x		

Sloanea amygdalina Griseb.	Berijúa, Juba blanca	x		x			x								x	
ERYTHROXYLACEAE																
Erythroxylum areolatum L.	Arabo														x	
Erythroxylum confusum Britton	Arabo															
Erythroxylum havanense Jacq.	Jibá											x				x
EUPHORBIACEAE																
Euphorbia cyathopora Murr.	Hierba de pascua															
Gymnanthes lucida Sw.	Yaití														x	
Jatropha curcas L.	Piñón botija															x
Jatropha gossypifolia L.	Tuatúa											x				
Jatropha integerrima Jacq.	Yuramira,Peregrina															x
Pera oppositifolia Griseb.	Yayabacaná	x			x		x								x	
Platygyne hexandra (Jacq.) Muell. Arg.	Ortiguilla blanca															x
Ricinus comunis L.	Higuereta											x				
Sapium jamaicense Sw.	Piñique, Lechero														x	
Savia perlucens Brito	Hicaquillo															
Savia sessiliflora (Sw.) Willd.	Ahorca jíbaro															
Tragia volubilis L.	Ortiguilla morada															x
Ura crepitans L.	Salvadera														x	x
FABACEAE		End	no	PC	R	L	CR	EN	VU	A	Ma	Me	Ml	Fr	Fo	O
Abrus precatoruius L.	Peonía															x
Canavalia ekmanii Urb	Mate colorado	x		x												x
Centrocema pubescens Benth.	Criquita blanca															
Centrocema virginianum (L.) Benth.	Criquita violeta															
Gliricidia sepium (Jac.) Steud.	Bienvestido														x	x
Hebestigma cubense (Kunth) Urb.	Frijolillo, Juravaina	x		x											x	
Mucuna pruriens (L.) DC.	Pica pica															
Rhynchosia reticulata (Sw.) DC.	Peonía blanca															
Rhynchosia phaseoloides DC.	Peonía															x
FLACOURTIACEAE		End	no	PC	R	L	CR	EN	VU	A	Ma	Me	Ml	Fr	Fo	O
Casearia aculeata Jacq.	Jía prieta															
Casearia guianensis (Aubl.) Urb.	Jía amarilla															
Casearia hirsuta Sw.	Raspalemgua															
Casearia spinescens (Sw.) Grises.	Jía prieta															
Casearia sylvestris (Sw) var. *sylvestris*	Sarnilla															
Gossypiospermum praecox (Griseb.) P. Wils.	Agracejo										x					x
Zuelania guidonea (Sw.) Britt. &Millsp.	Guaguasí											x			x	
LAURACEAE																
Cassytha filiformis L.	Fideo															
Licaria jamaicensis (Ness.) Kosterman	Levisa														x	
Nectandra antillana Meisa.	Aguacatillo														x	
Nectandra coriacea (Sw.) Griseb.	Cigua														x	
LOGONIACEAE																
Strychnos grayi Griseb.	Manca montero															
LORANTHACEAE																
Dendropemon lepidotus (Drug et Urb.) Leiva et arias	Palo caballero	x		x												
MALPIGHIACEAE																
Stigmaphyllon sagraeanum A. Juss.	Bejuco de San Pedro															
MARCGRAVIACEAE		End	no	PC	R	L	CR	EN	VL	A	Ma	Me	Ml	Fr	Fo	O
Marcgravia rectili flora Tr. & Pl.	Bejuco de codicia															
MALVACEAE																
Hibiscus elatus Sw.	Majagua										x				x	
Malachra alceifolia Jacq.	Malva															

MELASTOMATACEAE																
Miconia impetiolaris (Sw.) D.	Cristo verde															
Miconia laevigata (L.) DC.	Cordovancillo															
MELIACEAE																
Guarea guidonea (L.)Sleumer	Yamagua										x				x	
Trichilia havanensis Jacq.	Ciguaraya											x			x	x
Trichilia hirta L.	Guabán											x			x	
MENISPERMACEAE																
Cissampelos pareira L.	Bejuco pareira															
Hyperbaena domingensis (DC.) Benth.	Bejuco prieto	x		x												
MIMOSACEAE																
Acacia farnesiana (L.) Will.	Aroma amarilla															
Acacia tenuifolia (L.) Will.	Tocino															
Albizia lebbek (L.) Benth.	Algarrobo de olor														x	
Cojoba arborea Brito. & Rose	Moruro rojo											x			x	
Dichrostachys cinerea (L.) Wright & Arn.	Marabú															
Mimosa pellita Humb. & Bonpl. Ex Willd	Weiler															
Mimosa pudica L.	Dormidera															
Leucaena leucocephala (Lam.) De Nit.	Leucaena														x	
Pithecellobium dulcis	Inga dulce														x	
Samanea saman (Jacq.) Merrill.	Algarrobo														x	
MORACEAE		End	no	PC	R	L	CR	EN	VU	A	Ma	Me	Ml	Fr	Fo	O
Ficus aurea Nutt.	Jagüey														x	
Ficus brevifolia L.	Jagüeycillo														x	
Ficus havanensis Rossb.	Jagüey														x	
Ficus membranacea C. Wr.	Jagüey														x	
MYRTACEAE																
Calyptranthes decandra Griseb.	Mije	x			x											x
Eugenia axillaris (Sw.) Griseb.	Guairaje colorado														x	
NYCTAGINACEAE																
Pisonia aculeata L.	Zarza prieta															
OCNACEAE																
Ouratea ilicifolia D. C.	Rascabarriga															
ORCHIDACEAE																
Bletia purpurea (Lam.) DC. P.	Candelaria															x
Brassia caudata (L.) Ldt.	Jirafa															x
PAPAVERACEAE		End	no	PC	R	L	CR	EN	VU	A	Ma	Me	Ml	Fr	Fo	O
Argemone mexicana L.	Cardosanto											x				
PIPERACEAE																
Peperomia rotundifolia (L.) Kunth.	Lentejuela											x				
Piper aduncum L.	Platanillo de Cuba	x		x												x
Pothomorphe peltata (L.) Miq.	Caisimón											x				
PLUMBAGINACEAE																
Plumbago scandens L.	Embelezo silvestre															
POACEAE																
Lasiacis divaricata (L.) Hitchc.	Tibisí de monte															
Olyra latifolia Desv.	Tibisí															
Panicum maximum Jacq.	Hierba de Guinea															
Pharus glaber H.B.K.	Pega perro															
Paspalum notatum Flugge.	Alpargata															
Sorghun halepense (L.)Pers.	Don Carlos															
POLYGALACEAE																
Securidaca elliptica Turcz	Maravedí	x		x												x
RHAMNACEAE																
Colubrina arborescens (Mill.) Sarg.	Bijaguara														x	
Gouania polygama (Jacq.) Urb.	Bejuco leñatero												x			
RUBIACEAE																

Alibertia edulis (L.C. Rich.) A. Rich. Ex DC.	Pitajón															
Amaioua corymbosa Kunth.	Navacón														x	
Calycophyllum candidissimum (Vahl.) DC.	Dagame										x				x	
Casasia calophylla A. Rich.	Jagüilla	x		x												
Chiococca alba (L.) Hitchc.	Bejuco de berraco											x				
Genipa americana L.	Jagua														x	
Guettarda calyptrata A. Rich.	Contraguao	x		x								x				
Guettarda scabra (L.) Lam.	Carapacho															
Guettarda urbanii Ekm. ex Urb.	Guayabillo	x			x					x						
Hamelia patens Jacq.	Ponasí											x				
Palycourea domingensis (Jacq.) DC.	Taburete															
Psychotria horizontales Sw.	Tapa camino	x		x												
Stenostomun lucidum (Sw) Gaertn	Llorón														x	
RUTACEAE		End	no	PC	R	L	C R	E N	V U	A	M a	M e	M l	F r	F o	O
Amyris elemifera L.	Cuaba															x
Amyris balsamifera L.	Cuabilla															x
Zanthoxylum elephantiasis Macfd.	Bayúa										x				x	
Zanthoxylum fagara (L.) Sargent.	Uña de gato,Chivo															
Zanthoxylum martinicense (Lam.) DC.	Ayúa														x	
SAPINDACEAE																
Paullinia fucescens HBK.	Bejuco colorado															x
Serjania diversifolia (Jacq.) *Radlk.*	Bejuco colorado															x
Serjania subdentata Juss.	Bejuco esquinado															x
SAPOTACEAE		End	no	PC	R	L	C R	E N	V U	A	M a	M e	M l	F r	F o	O
Chrysophyllum oliviforme L.	Caimitillo													x	x	
Sideroxylon domingensis (Urb.)	Juba										x				x	
Sideroxylon foetidissimum Jacq.	Jocuma										x				x	
Sideroxylon salicifolium Gaertn.	Cuyá										x				x	
SCROPHULARIACEAE																
Capraria biflora L.	Escabiosa											x				
Alvaradoa amorphoides Liebm. subsp *psilophylla* (Urb.) Cronquist	Aparecida, Aroma blanca															
Picramnia pentandra Sw.	Aguedita											x				
Simaruba glauca DC.	Gavilán, Cantante														x	
SMILACACEAE																
Smilax domingensis	Bejuco chino															
Smilax havanensis Jacq.	Bejuco chino															
SOLANACEAE																
Capsicum frutescens L. var. *frutescens*	Ají guaguao															x
Cestrum diurnum L.	Almenoche															
Solanum eriantum D. Don	Pendejera															
Solanum torvum Sw.	Pendejera espinosa															
STERCULIACEAE																
Guazuma ulmifolia L.	Guásima											x			x	
Melochia nudiflora Sw.	Malva colorada															
Melochia pyramidata L.	Malva de caballo															
Melochia villosa (Mill.) Fawe. & Rendle	Malva mora															
Sterculia apetala (Jacq.) Karst.	Anacagüita, Goma															
Waltheria indica L.	Malva blanca															
THYMELIACEAE		End	no	PC	R	L	C R	E N	V U	A	M a	M e	M l	F r	F o	O
Daphnopsis americana subsp. *tinifolia* (Sw.) Nevling	Guacacoa						x								x	
TILIACEAE																
Luchea speciosa Willd.	Guásima varía														x	

Tiumfetta bogotensis DC.	Guizazo bobo															
Tiumfetta lappula L.	Malva de puerco															
Tiumfetta semitriloba Jacq.	Guizazo										x					
ULMACEAE																
Celtis iguanaea (Jacq.) Sarg.	Zarza parrilla															
Celtis trinervia Lam.	Guasimilla													x		
URTICACEAE																
Fleurya cuneata (A.Rich.) Wedd.	Ortiga															
Pilea microphylla (L.) Liebm.	Frescura														x	
Urera baccifera (L.) Gaud.	Chichicate										x					
Urtica ureas L.	Ortiga															
VERBENACEAE																
Citharexylum spinosum L.	Roble guayo													x		
Duranta repens L.	No me olvides														x	
Lantana camara L. var. *aculeata* (L.) Mold.	Filigrana														x	
Petitia domingensis Jacq.	Guayo													x		
Phyla nodiflora (L.) Greene	Oro azul														x	
Stadentarfetia cayenensis	Verbena cimarrona															
Stachytarpheta jamaicensis (L.) Vahl.	Verbena cimarrona (común)										x					
VISCACEAE																
Phoradendron randiae (Bello) Britt.	Palo caballero															
VITACEAE																
Cissus sicyoides L.	Bejuco ubí										x					

Printed by Books on Demand GmbH, Norderstedt / Germany